AF363365

L'ÉLECTRICITÉ
SON ORIGINE
ET
SES PROGRÉS.

POËME

EN DEUX LIVRES

PAR

Mr. GEORGE MATHIAS BOSE

PROFESSEUR PUBLIQUE ORDIN. EN PHISIQUE
à WITTENBERGUE

TRADUIT DE L'ALLEMAND

PAR

Mr. L'ABÉ JOSEPH ANTOINE DE C***

A LEIPSIC

CHEZ LES HERITIERS LANKISCH.

1754.

A SON EXCELLENCE

MA-DAME

LA COMTESSE

DE REX.

MA-DAME

Comme c'est le fort de ce Poëme de paroitre sous les auspices des Dames les plus illustres, je ne sais sous quels auspices plus favorables il paroitroit après la traduction, que sous les VÔTRES. J'avoue que j'ai peu, ou point d'autre part à ce petit et intéressant ouvrage, que celle de l'avoir fait

 tra-

traduire et de l'avoir publié.
Determiné par l'aprobation gé-
nerale qu'eut le célébre Auteur
il y a dix ans, et foutenu par
les Memoires de T R E V O U X (*)
qui nous aprennent qu'on avoit
tout lieu d'éfperer que quelque
favant dans les deux langues
nous donnera en françois ce chef-
d'oeuvre literaire et phifique, je
m'ai crû obligé d'envoier en 1749.
cette poefie Allemande à Mr.
l'Abé, homme d'efprit et du favoir, ne conoiffant perfonne qui

fut

(*) en 1745. Mois de Juin. Art. de Wittenberg. p. 1130.

fut plus en état de faire avec
fuccès une pareille traduction
autant utile à fa nation, qu'ho-
norable pour lui. Ce fuccès eft
d'autant plus affuré, qu'il pof-
fede non feulement notre langue
à fond, mais plufieurs autres
étrangeres. Je me flatte qu'on
aura de l'obligation à Mr. l'Abé
qui a bien voulû repondre à cet
égard aux defirs des favans, en
leur procurant cette traduction,
ne mettant que cette condition
à la grace, qu'il m'accordoit,
favoir, de fupprimer fon nom.
Je ne recherche en publiant cette

 tra-

traduction que le bien public,
qui a été ma seule intention et
en même tems celle de VOUS
assurer de la parfaite Soumission
et du très-humble respêt avec
lequel j'ai l'honneur d'étre

MA-DAME
DE VÔTRE EXCELLENCE

*Dresde
ce 18. de Fevrier
1754.*

le très-humble et très-obeissant
Serviteur

LEBRECHT GOTTHELF LANGBEIN

A SON ALTESSE ROYALE

MA - DAME

FREDERIQUE LOUISE

NÉE

PRINCESSE ROYALE

DE

PRUSSE

MARGGRAVE

DE

BRANDEBOURG - ANSPAC.

* 5

MA-DAME,

VÔTRE ALTESSE

me daigna S'abbaiſſer

Exprès pour me voir.   Bonheur
inopiné.

Tel gracieux accueil fait croitre
ma fortune,

Et ma merveille croit auſſi par
VÔTRE MINE.

Dans un moment decouvre VÔTRE
DIVIN ESPRIT,

Ce qu'on ici voit, et ce que là
s'enſuit.

Tout ce qu' auparavant parut
indechiffrable

VOUS eſt clair à l'inſtant. VÔTRE
vue admirable

Diſſipe tous les doutes. Le brillant du Soleil

Ne chaſſe pas ſi vite les brouillards
de ſon ſeuil.

Edit.
Germ.
p. 6.

* 3

Que

Que si ma plume peint des chofes
surprenantes,
C'eft VOUS, MA-DAME, qui la
rendit fi excellente.
Par VOUS, tout feul, me vint
cette capacité.
Ce qui vient de VOUS, VOUS
fera dedié.
Plein de Refpect je dis : Fleuriffez
comme la rofe.
Ces font les voeux ardents, de

à Wittenbergue,
ce 20. Juillet
1744.

VÔTRE

très - humble

B O S E.

MON CHER LECTEUR

Depuis plus de six ans, j'ai ecrit jusqu'à trois fois de l'Electricité. J'aurois donc hazardé difficilement traiter la même matiere en allemand, même en poete, ne fut ce, qu'un bonheur extraordinaire m'y avoit excité. Une PRINCESSE ROYALE paſſa par Wittenberg, uniquement (ces mots, dont SON ALTESSE ROYALE me daigna ELLE MEME, me ſont ſi nobles, que toute ma Philoſophie ne ſuffit pas à les paſſer ſous ſilence) pour voir de ſes propres ieux, ſi tout étoit veritable, que la renommée diſoit de mes foudres. Cette grace demanda

tout

tout au moins ce monument de ma part. J'éspere satisfaire de cette façon, soit à mon devoir indispensable, soit aux desirs des Lecteurs. Quant aux critiques, il leur sera impossible de juger si sevérement, si tyranniquement de mon poëme, que moi-même. Mots, rimes, pensées, expressions, tout je leur abandonne.

Seulement, qu'aucun n'ose toucher la matiere, s'il n'égale point et l'Electricité et moi. Tout pique, tout brule. Par tout je n'ai cherché que la verité toute pure. Je me flatte donc d'avoir pardon, que le physicien s'est humilié jusqu'à devenir poete. à Dieu.

L'ELE-

L'ELECTRICITÉ.

Livre premier.

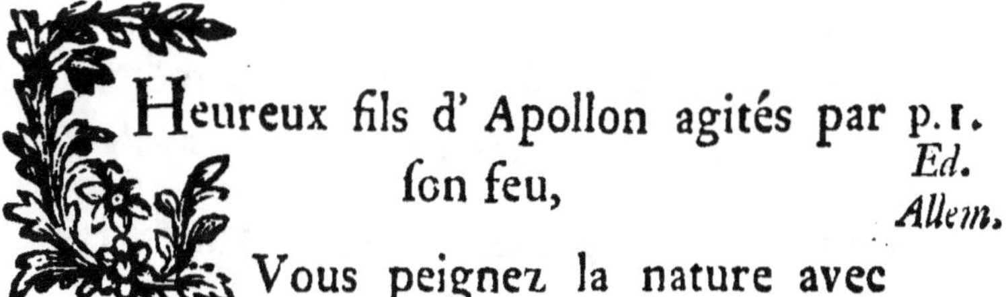

Heureux fils d' Apollon agités par son feu,

Vous peignez la nature avec tant de beauté.

Aucun ne chantera le merveilleux en maitre

Que l' électricité à chaque pas fait naitre ?

p. 1.
Ed.
Allem.

A   N' admi-

N' admirez vous point, cette rare vertu?

D' un grand étonnement n'étes vous pas
faifis?

p. 2. La Rofe a trouvé fon grand panégirifte.

Les Alpes peignit un noble botanifte.

Ce feu, ne vaut-il donc les rofes et les
monts?

Levez vous noble BROCKS, et HALLER
le profond.

Prenez ut haut effor, montez jusqu' à la
cime

D' olympe, mettez tout à feu par votre
plume.

Cependant jusqu'à ce que Vous y mettez la
main,

Chanter un tel poeme où pompe, rimes, train,

Paffent LUCRECE même, fouffrez ma
hardieffe.

Ma verve montera fecondée des deeffes.

Le

Le vainqueur d'orient jamais dedaigna

Les ondes, que la main d'un pauvre
presenta.

Que ma chanson excite un TASSO ou
CORNEILLE

Entonner de mon feu les plus grandes
merveilles.

PLATON extasié dit : frottez le succin.

Voiez, dans le moment il attire le brin.

Lisez et THEOPHRASTE et PLUTARQUE
assurent :

Tout corps, s'il est leger, l'ambre frotté
l'attire. (a)

Tous les siecles d'après nous montrent :
on connut,

Quoiqu'en peu de corps, cette noble vertû :

A 2   Mais

(a) TIMAEO τὰ θαυμαζόμενα ἠλέκτρων περὶ τῆς
ἕλξεως. p. 1080. c. Edit. Wech. 1602. fol. mai.
de THEOPHRASTO et PLVTARCHO, vid.
Tentamina Electric. p. 17. it. 56 - 59.

Mais GILBERT decouvrir, incomparable
guide, (b)

Que dans deux mille corps ces rares traits
refident.

Frottez un beau fapphir, frottez le
diamant,

Le verre, la poix, le cryftall brillant,

Le fouffre, mille corps, voiez avec
furprife

En quelle action cette vertu eft mife.

O GILBERT, les erreurs fi vous avez
commis,

Ce font des fautes, mais, d'un de ces
grands génies.

p. 3. O GILBERT nous fuivons tous vôtre belle
trace,

Vous nous avez rompu le premier la
glace.

Les

(b) Ibid. p. 17-20. Tent. Electr.

Les Florentins après, par leur Prince

excités, (*c)

Apprennent, la vertu attire la fumée,

A 3 Jamais

(c) pag. 20.

(*) On voit dans les voiages de MONCONNYS pag. 701. et une lettre du Chevalier MORĚY pag. 543. 544. (édition allemande, traduction de M. JUNCKER, Leipſic et Augsbourg 1697.) qu' OTTO DE GUERIK fit uſage de ſon globe de ſouffre deja l' an 1663. La premiere édition de l' *Academia del Cimento* parut l' an 1666. A florence on avoit travaillé à ces ſortes d'eſſays, dès le tems de GALILEE et de TORRICELLI. Donc je n' ai pas balancé à mettre les *florentins* avant OTTON de GUERIK dans l'ordre chronologique. Sans parler, que les *florentins* et GUERIK firent leur eſſays électriques pour des fins tout-à-fait differents. Et ni ceux-ci ont imité celui-là ni celui-là, ceux-ci. L'oeuvre de GUERIK fit imprimé 1672. comme tout le monde le ſçait.

J' ajoute l'extrait d' une lettre de Mr. FRANÇOIS MARIE ZANOTTI, Secretaire de l'Academie de Bologne, datée le 7 May 1748.

Jamais la flamme ou feu.   Et le Mercure monte

Par les traits du fuccin dans une belle onde.

Gúerik de Magdebourg trouva le
· vrai chemin, (*d*)

Toucha de la nature, presque le faint des
faints.

Nombre

1748. „Cum tuas litteras accepiffem, fcripfi
„ftatim ad Ioannem Lamivm, virum in
„Florentinis eruditiffimum, ipfum rogans,
„ut diligenter veftigare vellet, quo tempore
„electricitatis experimenta Florentini inive-
„rint, an fub ipfius Galilei mortem, an
„multo poft, idque mihi diferte fignificaret.
„Refpondit ille jam tum, fe omni opera id
„curaturum.   Nuperrime autem ad me
„fcripfit, nullum potuiffe fe monumentum
„invenire, quo res aperiatur.   Vetuftiora
„illius Academiae fcripta, non fine magno
„Italiae et literarum damno, interiiffe.
„Aegre fcilicet tuli-- me tanto intervallo ni-
„hil egiffe.   Tuum erit, fi non rem, vo-
„luntatem certe noftram gratam habere.---

(*d*) pag. 21.

'Nombre des nouveautés montrent les
grandes Spheres

De souffre, qui tantôt tirérent, et pouf-
sérent.

Il chassa la vertu deux piés dans un moment

A l'aide d'un cordeau, fit un enchantement,

Tint un duvet leger en l'air, l'y laissa
pendre

Franc, et il le poussa où il voulut le rendre.

Et brave GUERIKE et là vous finissez?

Proche le sanctuaire de la nature? entrez.

Prenez les lauriers pour vôtre Allemagne. p. 4.

Plus tard, la France en brille et la grande
Bretagne.

C'est le train ici bas, même du savoir.

Rome, mais peu à peu, domte tout
l'univers.

Un nuage petit formé par un brouillard

Croit, noircit, tempête, éclate tôt ou
tard.

A 4

Mais

Mais HAUKSBEJ entreprend la chofe de

nouveau, (c)

Frottant avec la main, de verre un tuiau,

Avec de la foie, du drap, et du

brouillon.

Et fait de quelques aunes un fort

tourbillon.

Il attire et repouffe, il tire dix fois

Si tôt, fi fort, fi brusque, plus vite qu'on

voit.

Le tuiau vuidé s'affoiblit, et qui doute?

Des chocs, de tous ces traits, on ne voit

plus goute.

Va, frotte, le tuiau, approche le doigt,

De l'eau, ou du metal, du marbre, du

bois.

Voiez

(c) pag. 22-24.

Voiez nombre d'éclairs.   Dans un obscur
poële.

Tout ce qu'on y aproche devient belle
étoile.

HAUKSBEJ passa plus outre.   Il prit un
globe creux,

Dans le centre duquel un disque affigé

Soutint des fils legers. on tourne là le
verre,

Les fils sont roidis, croisants en équerre.

Le doigt si survient, sitôt le fil s'en va,

Avant que vôtre main du globe approchera.

Il souffle sur le verre, et les fils se retirent,

Comme tout assommés, ou roide morts
s'ils furent.

Nul foudre, nul éclair, des nuées se hatant, p. 5.

Rompant et roche et arbre, des monts
entiers brisant,

Jamais un mât fier, si tôt terrassera,

Comme la foible haleine ici les fils fera.

A 5   Mais

Mais dire, que le vent penetre à travers

Le verre, et par ſes pores les fils jette à
l'envers,

Cela me ſemble faux , on peut plutôt
connoitre,

Le ſouffle empechera le tourbillon à croitre.

Le noble Anglois GRAY (f) continua ce
train

Et mena la vertu par un très-long chemin.

Elle ſort de ſon tube, et ſans, qu'elle
retarde,

Voici comme GRAY à huit cent pas la darde.

Il y a par tout nul corps qui ne fut
électrique,

Bois, pierres, feuilles, du ſable, foin,
l'eau, briques,

Attachés à ſa corde, metal, linge, une poule,

Tout eſt électriſé, car la vertû s'y moule.

Il

(f) pag. 24-26.

Il fut le premier, qui prit une jeune enfant,

Touchant par le tuiau et l'électrifiant.

Auſſitôt cet enfant tire, chaſſe et repouſſe

Loin des feuilles d'or, du duvet, de la
            mouſſe.

Audacieux Anglois, GRAY, connoiſſez vous
            aſſez

Cette incroiable force et ſes proprietés?

Et oſez vous bien audacieux! entreprendre

'Qu'un homme vous doit foudre et flam-
            mes rendre?

Jusqu'ici on avoit les merveilles pouſſées,

Quand le François DU FAY prit l'électri-
            cité (g)

Et s'immortaliſa, le long tems, qui tout p. 6.
            mange

Et marbre, et acier, jamais ſon honneur
            change.

                                      Il

(g) pag. 27. ſeqq.

Il met en queſtion (qui rit ici? le fol)

Par notre frottement électriſons - nous
tout?

Il prend porphyr, achate, les marbres, les
pierres,

Et même les joiaux, les cailloux, tous les
verres,

Le bois, dur, mol, les os, la paille, cors,
papiers

La moule avec tant d'art et pompe cizelée,

La laine, la ſoïe, draps, cuirs, et écailles,

Baleine, ſouffre, poix, les plumes de volailles.

Tout ce qu'on peut frotter attire clairemé,

S'il n'eſt pas amolli par un fort frottement.

Chaque animal vivant ſur ſon dos âpre et
rude,

Frottez le, la vertu ſe montrera ſans guide.

Mais tout fluide, et tout ce qu'on ne peut
frotter,

Et même les metaux, ſi roides à toucher,

Frottez,

Frottez, tant qu'il vous plait, il n'y a rien
à faire.

Là semble abimée au fond la matiere.

Pourtant et les fluides (j'excepte le flambeau

Quand il est allumé) (*) et même les metaux,

Que nulle *friction* jamais rend électriques,

Le font, quand la vertu à eux se commu-
nique. (*h*)

Touchez donc quelque corps de l'univers, qu'il soit,

Par un autre, très-fort électrique *par soi*;

Vous verrez la vertu de celui s'éloigner, p. 7.

Et dans le premier aller s'insinuer.

Qui

(*) Qu'un cierge brulant se trouve bien ici,
   Où mon rond puissant tout par son feu remplit,
   A cause de cela dit-on, qu'il s'électrise?
   Pour être électrique qu'il tire, chasse, brise.

(*h*) 29. Lex II.

Qui ne fera furpris ? Les êtres fortement

Electriques *per fe*, font par le *frottement*

Le fort peu, ou point, quand l'électrique
y touche.

Et les plus difficiles ont la vertu farouche.

Pour électrifier, et en *communiquant*,

Un corps, quel qu'il le fut, ce n'eft pas
fuffifant,

Que le tuiau frotté par fes éclairs l'embrafe.

Il faut bien obferver, fur quel **corps** on le
place.

Sur la poix, la foïe, le verre, **enfin des**
corps

Qui par la *friction* ont la vertu très fort,

Mais fur les autres corps c'eft la mer à boire,

Et presques dans un an, vous n'y pouvez
rien faire.

Tout contre, établi fur les êtres fus-dits,

Approchez le tuiau pas loin de lui,

Dans

Dans un clin d'oeil, fa vigueur le penetre,

Tout corps leger s'y prend comme la
moufſe aux hêtres.

Que? par *l'attouchement*? le corps vivifié

Qui par la plus terrible opiniatreté

Rit tout le *frottement* le plus promt, l'ambre
même,

Que? par *l'attouchement* languit, fe tait,
eſt bleme? (*i*)

Vraiment, qui tout cela balotte tant foit peu,

Etant de la nature et fes faits curieux,

Avouë, nous aurons dans ces traits admi-
rables,

Mille difficultés, de plus infurmontables.

Vaſtes merveilles, le flot, et le jufan,

Les courbes des cieux, les detours de l'ai- p. 8.
mant,

Semence d'animaux, cent mille plante d'une.

Incomparablement cette force eſt plus fine.

De

(*i*) pag. 29. Lex I.

De plus il semble enfin; la plus forte
energie,

Au moins GRAY le veut, de la couleur
s'ensuit. (k)

L'infatigable FAY pour sonder la nature,

Prit neuf rubans égaux dont voici les
teintures.

Noir, blanc, rouge, d'or, jaune, verd,
indigo,

Bleu, et le purpurin il les fit aussitôt

Dans une même file exactement suf-
pendre,

Et se fit son tuiau fort électrique rendre.

Il le tint parallele à tous, adroitement,

Le noir obeit lui le plus promtement,

Le blanc, alors les six vinrent, le tube
mordre.

Toujours le rouge fût le dernier en
l'ordre.

DU

(k) pag. 30-32.

Du Fay ne reſte là. coupe neuf disques
 ronds,

Colorés des couleurs de Newton le
 profond,

De Newton, par lequel tout mortel
 peut connoitre:

Jusqu'ici, pas plus haut, nôtre eſprit
 peut croitre.

Il place un feuillet d'or ſur un pié
 cryſtallin,

Couvert du disque. le verre éclate ſi bien,

Qu'il agit au travers les ſept colorés disques,

Toujours le rouge ſeul, fut percé le plus
 brusque.

Le blanc et le noir inébranlablement

Reſiſtent, fut le verre en feu tout flam-
 boïant.

Après de tels eſſays, a-t-il quelqu'un qui
 diſe?

Que la couleur ne ſoit bonne, ou qu'elle
 nuiſe.

B   Le

p.10. Le noir de loin alors fut attiré,

Juste. de la vertu il est proche allié.

Le rouge ne vient que tard; il faut con-
clure,

Le rouge est vuidé des atomes, qui tirent.

Donc le disque noir ne fait rien passer,

Retient tout pour soi, s'en fait rassassier;

Le rouge n'obeït point de tout aux
foudres,

Il ne vole, n'arrete, tout le torrent passe
outre.

Fort vraisemblablement, voit DU FAY
pourtant

Son tuiau crystallin frotté fort vivement

Attire même l'or à travers la noirceur;

Que la couleur en fut la cause, il a peur.

Prend le beau coloris dont *Flore*
s'embellit,

Et que nul artisan par un fort debouillis

Nous

Nous a falſifié.   Les noirs étamines

Des tulipes.   Le blanc des beaux lys, qui
l'hermine

Surpaſſent en blancheur.   Des roſes le
vernis,

Les Iris fauves d'or, le genet tout
pali,

Le brillant emeraude des herbes ver-
doiantes,

Le velours violet, le pourpre d'amaranthe,

Le Jacinte d'azur defiant les cieux,

Tous ces fleurs menaça ſon tube audacieux.

Rien fait la couleur, plus mince la fleur
brille

Plus loin ſon tuiau l'attire et petille.

Immortel CISTERNAY Vous n'étes
pas content,

Du vrai infatigable et généreux amant.

B 2   Eſſaiant,

p.10. Effaiant, quelle ardeur ! dans une chambre obfcure

Du prifme de NEWTON les couleurs, leur luire.

Ornement des Anglois. Qu'écrit ma plume là ?

Qui plus de vingt fois fur le papier tomba.

Ornement des mortels ! où eft l'encenfoir ?

Mais je fuis chretien, je fçais mon devoir.

Le prifme de NEWTON, et cela dans un inftant,

Les raions du foleil fepara nettement,

Ci brille un rouge vif. Le pourpre eft vaincu.

Ci le jaune s'étale. Nul or de Potofi

Ce luftre égalera. Nul verd jamais fi beau,

L'émeraude palit à coté de cette eau,

Tant

Tant tout eſt net, et vif. Le plus aimable
bleu

Des ſapphirs d'orient perd la ſplendeur
et feu.

Là fut DU FAY ſurpris, ſon Apollon
douteux,

De toutes ces couleurs, aucune fut tirée.

Il prend les disques blancs, de ſorte, que
le rouge,

Le jaune, verd, et bleu, les éclaircit et
touche.

Et derriere ceux il place les rubans,

Dont aucun des vapeurs du tube ſe reſſent.

Il chauffe tant ſoit peu les disques, et
remarque,

Que l'éclair du tuiau les arrache, et les
arque,

Tentant tout ce qu'il peut, il montre nous
enfin,

La regle, la loix, qui ne jamais s'enfreind:

B 3   „Cou.

„Couleur, tant que couleur, ne fait ce
qu'on admire

„Quelque chose fait le corps d'où la couleur
se tire. (*l*)

p. 11.   Mon Excellent D U F A Y, propose en
demandant:

Quel corps empeche donc d'un tel feu le
torrent?

Tint verre, papier, metal, bois, mille
choses

Sur d'or en feuilles. Est l'ouverture close?

Enfin il nous apprend, et peut le demontrer:

„Un corps facile *per se* à electrifier,

„Permet à ce torrent par ses trous un
passage.

„Les corps, moins habiles, resistent
d'avantage. (*m*)

„Mais

(*l*) p. 32. Lex III.
(*m*) p. 32-34. Lex IV.

„Mais quand on un tel corps échauffe
auparavant,

„On voit si tôt ce feu même le fer perçant.

Les pores sont, ce semble, ouverts, ils
augmenterent,

Où ces subtiles atomes peu avant échoue-
rent.

Son merveilleux tuiau chasse étincelle et feu,

Plus vite que des dards par un fort grand
lieu.

A treize cent piés (n) la très - tendue
corde,

Agit fort vivement par tout, où on l'aborde.

Je l'ai aussi tenté.   Quelles difficultés!

Le cable que je prens, le corps, où il posé,

Les corps les plus prochains de ceux, qui
l'environnent,

Tout nous empechera.   Obstacles qui
étonnent!

B 4

Mais

(n) pag. 25.

Mais tout eſt applani. Je m'offre au parj,

Quelque grand qu'il ſoit, ſur la poix j'établis

Quelqu' un , ou ſur le verre, du Rhiń,
jusqu' à la Seine

Mon trait comme un éclair penetrera ſans
peine.

Ma Muſe levez vous. tantôt je vaĩs
chanter,

De tout ce qui ſurprend le plus merveilleux.

p.12. Soit ce, que mon feu entreprend à decrire,

Et digne à voir, plus digne à le lire.

DU FAY par ſon tuiau (o) rend l'hommè
éleĉtriſé

Des miracles nouveaux quelle infinité!

Tel homme attire tout, repouſſe, cendret,
tourbe,

Tourne autour de lui par ſpirale et par
courbes,

Apro-

(o) pag. 34-38.

Aprochez vôtre main d’un tel homme un
peu trop,

Et à un pouce prés, vous fentez auffitôt

Un fouffle, un air chaud, l’haleine un
peu tiede,

Des tourbillons fort vifs et qui tous
s’entreaident.

Mais tentez un peu plus. Touchez la main
de lui

Surpris vous demandez: que fentis-je ici?

Qui pique? qu’étoit cela? pourtant nulle
bleffure?

Jusqu’ici mon DU FAY pouffa ce, qu’on
admire.

A peine le pays-bas apprit ces nouveautés,

Comme ma poefie les a devoîlées,

MUSSCHENBROEK (p) les decrit de
pleine diligence,

Avec fon ftyle clair et toute l’élegance.

B 5

La

(p) 1739.

La renommé en parle et le bruit egaye

Même le nord glacé, et KLINGEN-
STERN (q) l'essaye

Avec étonnement. DOPPELMAYER (r)
raconte

Ce qu'on savoit alors, des traits, du feu,
des ondes.

Mon HAUSEN (s) vint cinq ans, cinq
ans, après moi.

Et Halle cherche aussi d'un tel feu les
loix.

KRÜ-

(q) 1740. d. 26. Novembr. 1742. d. 3 April.

(r) 1743. d. 20. Sept.

(s) Dans la partie 55. *der zuverläßigen Nach-
richten* pag. 474. on trouve, que Mr.
HAUS ne commença à se servir du globe
d'HAUKSBEJ que dans ses leçons de phisique, qui tint, peu de tems avant sa mort.
Il mourut 1743. le 2 Maj. mon oraison sur
l'électricité fut imprimée 1738. au prin-
temps. Donc · · ·

Krüger (*t*) s'en rejouit.   Le brave p.13.
         Lange (*u*) prouve

Quel fond prodigieux des couronnes s'y
         trouve.

Enfin et à Berlin un Ludolff se leva (*x*)

Courir la carriere, et marchant à grands pas

Est un des premiers.   Par mon et ton
         exemple

Et Danzic s'approcha des honneurs de nos
         temples.

Cher Ludolff, permettez, je me hate
         t'offrir

Les palmes, que ta main après moi conquit.

Moi, ou tu fçaurons, ce fera nôtre tache,

Tout ce que la nature, ah! quelle envie!
         cache.

Vous, foudres des fciences, haïffons le larcin.

Maintenons nos droits.   A chacun le fien.

                              Epargnons

(*t*) 1743. d. 21. Dec.
(*u*) 1744. d. 8. 15. Junii.
(*x*) 1744. d. 23. Januarii.

Epargnons ni tems, ni peines. Nobles
ames

Forçons de la nature l'envie ; quelle blame !

Ma Muſe levez vous. Et ne cachez
rien.

Va. Prens un haut eſſor. Raconte le
bien

Et le plus grand bonheur qui vint à
l'improviſte,

Pour ne voir que le feu dont je vous peins
la piſte.

L'ORNEMENT DES TEUTONS, ſi tôt
vous devinez ;

C'eſt LA MARGGRAVE D' AN-
SPAC. Pas autre. N'en doutez,

Dans le PORT DE LA QUELLE on trouve
toutes les graces

Auſſi LA MAIESTÉ DE SON AUGUSTE
RACE.

Sa

Sa veine porte encore le SANG DU P. 14.
GRAND AYEUL,

Le Nord et Louis tremble, mais il monte
aux cieux.

L'ORNEMENT DES TEUTONS, change
vite son voyage,

Voir à Wittemberg, de mes foudres l'orage.

O bonheur inoui ! Cet HANNIBAL, le
grand,

Trois fois vainqueur, de la mort
ménaçant

Les superbes Romains, ne put de ses
couronnes

A Cannes, si briller, que ma Muse
Saxonne.

Ma fortune monta à son plus haut degré.

Car tout le monde sait la grande rareté

Que le SANG DES ROIS aus Professeurs
s'addresse.

Et encore moins . . . UNE GRANDE
PRINCESSE.

» J E

Je viens,, (ces font les mots que
MA-DAME me dit)

,,Voir, fi tu es tel, comme veut le bruit,,

Mufe reveillez vous.   Et vous, Grande
Minerve,

Ouvrez tous les trefors des anciens à ma
verve.

Va.   SON ALTESSE vient - - Que
le jour eft brulant!

Peut-être que mes feux agiront foiblement!

Peut-être tout fera en roc inébranlable!

Va.   SON ALTESSE vient - - un
faint friffon m'accable,

A peine fites VOUS, MA-DAME,
le premier pas,

Et bonheur, agrément, le ciel même
approcha,

Dois-je étaler mes foudres aux Deeffes,

Le tems obeïra.   Car, c'eft pour SON
ALTESSE.

Voici

Voici, la Sphére fait un fort tourbillon.

Voilà, la glaive bruït des flammes les floccons.

Que l'homme pique vif! Et dans un seul p. 15. moment,

Le feu court par trois de mes apartements.

L'ésprit est enflammé. La belle qui étoit

Compagne de MA-DAME, (presque je l'enviai,

C'est le plus grand bonheur) la même noble belle,

L'essaye, pique, tonne, embrase d' étincelles.

Elle jetta ses feux, brula, perca par tout,

Retire mains et bras, et tonne encore un coup.

Voiez MA-DAME donc, le zéle de mon feu.

Que mes éclairs sont vifs! Que de longue durée!

Ce

Ce n'eſt pas encore tout, que LOUISE ma flamme

Daigne de SES REGARDS. ELLE de plus entame

Un diſcours inſtructif, o heureuſe doctrine!

Prononcé ſagement, et de Roïale mine.

MA-DAME, je le vois VOUS initierez

Nombre d'Académies, et VOUS nous aprendrez

VÔTRE SAVOIR DIVIN. Que VOUS devons nous rendre,

MIRACLE de nos temps et des temps à attendre.

FREDRICQUE me dicta, que ce fut gracieux!

„Qu' on tourne vôtre rouë, avec velocité,

„Des heures entiéres. Electriſez les hommes

„Quel en ſera l'effet? quel fruit? quelle ſomme?

C'eſt

C'eſt à un tel deſſein, que je ſuis attaché.

En VOUS obeïſſant, je ſerai admiré.

En VOUS obeïſſant, je trouve des nouvelles.

Par VOUS, ma renommée devient
immortelle.

La glaive de VÔTRE FRERE vainc, p. 16.
écraſe, et ſe met

Deſſus les ennemis, protege ſes Sujets.

SA MAIESTÉ, ROI de magnanimité,

Des pays SALOMON, TITE par la bonté.

VÔTRE SI DIGNE EPOUX,
PERE de la Patrie,

PERE des citoyens, VOUS donc égale
à LUI,

VOUS donc égale au ROI, donc nous
voions de reſte

Comme à la terre ſe montre un corps
céleſte

Quand un mortel s'éleve à la divinité

Il touche à l'infini dans la mer abimé,

C   Tout

Tout inépuisable, il faut qu'il y periſſe,

Mon Reſpect ne voulut, que je cela
entrepriſſe.

Et je finis ici   plein de devotion:

Le Tout - Puiſſant VOUS ait ſous ſa
protection,

Les Seraphins VOUS portent, rien ne
puiſſe nuire,

Ce que VOUS ſouhaitez, ſoit là, par
VÔTRE DIRE.

L'ELE-

L'ELECTRICITÉ

SON ORIGINE

ET

SES PROGRÉS.

LIVRE SECOND.

A SON EXCELLENCE

MA-DAME

LA COMTESSE

DE BRUHL

NÉE COMTESSE

DE

COLLOWRAT.

MA-DAME,

Vous pardonnez, que ma devotion

Ces feuilles *VOUS* dedie, et ma

Submiſſion.

Jamais, *MA-DAME*, jamais je

l'aurois entrepris;

Mais le tems ſi heureux, ſi noble, où

il plût

A

A VOUS, de me venir voir et ma
merveille,
Excite tout mon feu et ma verve
s'éveille.
VOTRE clin d'oeil seul me fit de
cela capable,
A VOUS je le remets, à *VOUS*
en redevable.

L'ELE-

L'ELECTRICITÉ.

Livre Second.

VIRG. AEN. I. I.
Nunc mea sola cano.

Immortel CISTERNAY, Vous
m'avez prévenu.

Voici mon hommage.   Tout près, je
vous fuivis.

La verité le veut.   La verité des fages.

Elle triomphe enfin malgrés l'envie en rage.

C 5   Ja-

Jamais ton fouvenir chez moi perira

Tant que je fuis en vie.   Bofe te louera.

Mais tout ce que tu fis, fut par des tubes
caves,

Qui font bons, mais qui font l'effay tardif
et grave.

p.24. Je pris le premier, (*a*) quelle commodité!

La fphére de HAUKSBEJ. en de temps
tant foit peu .

Tout devient plus fort, furpaffant la
creance,

Le tube étoit plus tard, foible, à non
chalance.

Si tôt que chez moi, la poix vous foutient,

Par mon globe à l'inftant, le foudre vous
vient.

A un pié on fent un tiede fouffler,

Et cent tourbillons en cent cercles
tourner.

Tou-

(*a*) 1737. dans l'automne pag. 54. 55.

Touchant de vôtre main l'homme
        électrifié,

Si tôt elle retourne. Suis - je, dis - tu,
        brulé ?

Quel piquant ? ah ! quel crac ? quels foudres
        me percerent ?

Comment ? de la magie ? ou des fées
        m'affolerent ?

Revenez fur vos pas : ne craignez pas
        la mort,

Vous l'ofez. mais retour. Pourtant je n'ai
        pas tort,

Dis - tu, tout etonné. on me piqua. Ne
        fens - je

Le choc, n'eft pas muet, fracas en abon-
        dance ?

Non feulement la peau pique. L'habit
        touché

Petille de même avec vivacité.

Et dans l'obfcurité et dans un clair ferein,

C'eft tout un, on voit l'étincelle bien.

                        Moi,

Moi, plus curieux, pris de la garnifon,

Quarante (*b*) (*) gens armés. Nous les
électrifons.

Les braves guerriers peut-être qu'ils en
rirent,

N'entendant nullement ce, que mes gens
y firent.

p.25. Un feul, mais un feul d'eux, à peine
toucha-t-il

Mon redoutable rond. Dans un inftant
le fil

De mes quarante gens fut baigné de mes
foudres.

Quelqu' un touché, fon trait nous paffa
d'outre en outre (*c*).

Mais

(*b*) pag. 82.

(*) Tout le bon fens s'en moque de ces quarante
gens
Noter la pefanteur foigneufement.
Un badin des enfants marquera leur poids.
Sa faction l'en louë criant: exact qu'il eft!

(*c*) pag. 38.

Mais prenez une armée toute grande elle fur,

Quand on fur de tels corps fus-deſſus, l'établit,

Et un ſeul d'entre eux touche ma ſphére ronde

Dans un inſtant mon feu toute l'armée inonde.

Le dernier attire auſſitôt de grands cables.

Le coup pour foible main eſt tout inſupportable.

Le peuple entend le bruit on ne s'y peut méprendre

On l'a pu chez moi à dix-huit pas entendre.

Et ce coup revient. grand nombre de fois,

Même innombrablement mettez y le doigt,

Vous le ſentez brusquer et l'étincelle brille

Comme le ſel jetté ſur des charbons petille. (d)

Tout

(d) pag. 84.

Tout ce, que dans ſes mains prend une telle armée

Dans un unique inſtant eſt rempli par mon feu.

Quels roides coups ſent-on? Souvent ils nous aſſaillent,

Que les nerfs et tendons dans bras et mains treſſaillent.

Souvent fut chez moi la table tout dreſſée, (e)

Du roti, des poiſſons, couteaux, pains, étuvée,

Du vin, ſel, le couvert, un entier menage,

Le deſſert, des fruits. tentez cela. Et je gage,

L'étincelle eſt par tout, mais elle a deux ſorts :

L'une eſt épouvantable, et crie qu'elle mord.

Mais l'autre ſiffle peu, ſans éclat elle gronde (f)

Et luit, quant au feu, rien dans notre monde.

L'

(e) pag. 65.
(f) pag. 61. 66.

L'homme, l'eau, chair, metal, des corps, qui *par foi*

Non électrifiables, tout cela heurte toi,

Si fort, fi brusquement, quand on le feu y ôte

Que même la moelle dans les os en tremblote.

Au contraire les corps, qui par *la friction*

Nous montrent le miracle n'ont qu'un fort foible ton.

Mais, dites vous, eft cela, ou flamme, ou étincelle?

Que nous voions fi clair dans l'eau, et la plus belle.

Plûtôt nôtre rien   Titan attirera,

Et le Lion fuit   la chevre d'Angora, (g)

Le foleil en Juin fera au fagittaire

Le diamant fera coupé par notre verre,

Jamais

(g) Tournefort Voiages. Tome II. pag. 463. edition du Louvre.

Jamais le feu pourra des ſes ondes ſortir,

Jamais le même feu en pourra rejaillir

Avec tant de vigueur, qu'un fond de la
bouteille (*b*)

En eſt illuminé.   Comble de la merveille.

p.27.   Pourtant quand mon éclair detonne un
feu ardent,

Enflamme, embraſe tout, il n'y a nul ſavant

Qui nous oſe nier: un tel corps qui allume

Eſt donc un feu reel , et l'hypotheſe
prime.

Soiez donc attentif.   Ecoutez l'inouï.

L'attente avec la peur vous font presque
rougir.

Tout ce que propoſa le premier mon livre,

Eſt rien, en égard à tout ce qui va ſuivre.

Soit l'homme, ou metal, très electrifié.

Soit par un tel corps l'eſprit de vin touché,

Il

(*b*) pag. 64.

Il grele feu fur feu, et foudres raionnantes,

La main s'en étourdit, tant elles font
tranchantes,

Enfin l'éfprit de vin, s'enflamme (i) à
l'inftant.

Il faut, en doutez vous? avouer le feu
ardent.

Et cent fois éteint, la flamme y eft mife,

Cent autre fois, et plus.   Quelle eft donc
ta furprife?

Des noires nuées un rouge feu éclate,

Croife à l'infini, fracaffant par travades,

Lançant mille flambeaux, de feu pluïe
montre,

Où un nouvel éclair le vieux foudre
rencontre:

Ainfi là ton doigt darde des jets de feu.

En vain par mille vents la flamme fut
foufflée.

Tu

(i) pag. 77.

D

p. 28. Tu même es une amorce à la faire
    paroitre.

Non dans l'alcohol ſeul fais-je la flamme
    croitre

Tout inflammable corps, huile, ſouffre,
    éſprit (*k*),

La poix refonduë, touchez. Le monde vit

La flamme, rougeſang ſortir par l'étincelle.

Mais je paſſai plus outre mené par l'étoile.

La poudre à canon, à deux piés attirée,

Reſte vous aux doigts, au metal attachée.

Fondez là.   Prenez gàrde.   Que vôtre
    feu la raſe.

Elle prend, tonne, éclate, et mille fois
    embraſe. (*l*)

Le bouillonnement à peine reuſſit.

La therebinthe enfin, ce qui eſt beaucoup
    plus

Tout

(*k*) pag. 70. 78.
(*l*) pag. 70. 78.

Tout inflammable éfprit quand mes gens
l'échaufferent,

Bouillent, en s'enflammant, auparavant
moufferent (*m*).

Vous êtes tout furpris. Moi, le
premier (*n*),

Sans contrediction qui cela a inventé,

Je le fuis presqu'auffi; Vous demandez:
mais l'homme

Eft il donc tout de feu? cyclopes que nous
fommes.

Afin que la terreur, ne te terraffe tant,

Nul petit medicin t'apporte un compte
grand,

C'eft jufte, de parler meilleure avanture,

Mais fi tu es friand Venus à ton cour
mire.

D 2

Un

(*m*) pag. 78.
(*n*) 1743. autumno. 70.

p. 29.   Un ange, dont un seul regard, vole le
coeur,

Donc la rare beanté jette la douce peur,

Si bonheur connoiſſoit merites des per-
ſonnes,

Elle tout au moins porteroit des
couronnes.

Venus de taille.   Les levres de pourprin,

Et les deux chaſtes joues de roſes, de
Jasmin,

Les ieux azurés rideaux des deux ſoleils

Où la main de velours en touchant tout
eveille.

Où le col d'ivoire CATON même menace,

Et où - - Le philoſophe eſt ravi en
extaſe - -

L' innocent ſein de lis couronné du
carmin

Fait éternellement honneur à nos hu-
mains.

Un

Un tel enfant si digne, à étre adoré,

En moins de rien fut electrifié.

Sans contrediction, ma flamme admirable,

Un million de fois en fut plus éstimable.

Quand un mortel attouche, peut-étre par
sa main,

De cet enfant des dieux, la robe de loin,

L'étincelle si tôt par tous ses membres
marche,

Tout cuisante elle est, il revient à la charge,

Touche, mais en tremblant, la main si
potelée

Et est de fort loin, craintif et échauffé.

S'approche-t-il de près, la flamme et
sans peine

Le fait si tôt esclave, le met si tôt en
chaines.

Non pas par l'habit seul, par un corps p. 30.
baleiné

Mon étincelle va. Suivez moi, restez,

D 3 Encore

Encore le temps fuffit.   Encore tenter
fortune?

Donc vôtre liberté tombera en ruine.

La jupe de baleine au dernier cerceau (o)

Touchez, fi vous avez le coeur fier et haut,

Mais touchée tendrement, brule.   Qu'il
eft facile

Que vôtre coeur fi tôt, que les amorces,
brule.

Une feule fois, quelle temerité,

À venus sur poix je donnai un
baifer (p) (*)

La peine vint de près.   Les levres me
tremblerent,

La bouche fe tourna, presque les dents
briferent.

Sans

(o) pag. 66.
(p) pag. 69.
(*) Semble cela fcandaleux? prens un quintal
de plomb,
Noie te dans la mer dans un gouffre
profond.

Sans doute vous craignez peut-étre que ma plume

Hiperboliquement paſſe le vrai, pour rimes.

Si donc quelqu'un me dit tout cela incroiable

Faites grincer ſes dents d'un coup tout effroiable.

L'homme qui de mon rond, foudres et flamme prend,

Et que nous expoſons à cet eſſay cuiſant,

Prend un medaillon entre les dents de bouche

Par les dents ſeulement, ſans que les levres touchent.

Qu'un autre du doigt menace le florin.　　p. 31.

Eſt il aſſez robuſte, le tient-il bien,

Une extreme douleur penetre la cervelle,

Les dents ſont ébranlés et du front la moelle.

Ne tient-il aſſez, le choc trop fortement,

Car il lui vient tout inopinement

D 4　　　　　Jette

Jette l'ecû dehors. le poele en re-
sonne (q)

On rit, quand il se plaint des foudres que
cela donne.

Il vaut bien la peine. Aiez un tube creux

(Le blanc à l'atre - verd semble à préferer)

De l'air tirez dehors en pompant toutes
ondes,

Soiez exaƈt. Si non vous rougirez de
honte.

Tout vuidé de l'air on l'eleƈtrifia.

Jusqu'à ce qu'il *per se* flamme et éclairs
jetta.

Et les tourbillons de ma plus forte sphére

Presque jusqu' aux nuées, ce semble,
m'exalterent.

Le vuide entonna raions, foudres, et feu,

Mille fusées bruirent, j'en fus tout enjoué.

Les

(q) pag. 58.

Lès jets fe couperont comme de vrai ferpens.

Ainfi voiage ULYSSE et qui vainc les
perfans.

Non pas comme l'éclair, mais fans tonnere,
étale.

Parfaitement fuivant l'aurore boreale.

Splendeur, floccons, allure, éclat et matiere, p. 32.

Le feul mot propre eft : DU NORD LA
LUMIERE.

Dès je pris le vuide, et tout mon apparat,

Des pompes de GUERIKE, cherchant,
s'il y a là

Des effets tout nouveaux, tout cela dans
un poëme

Paroitra dans fon temps, au livre troi-
fieme.

Là je peindrai auffi, qu'un fluide
coulant

Gliffe dans les canaux incomparablement

 Plus

Plus vite, électrifé. De HERON la fontaine

Eparpille fes goutes, les divife en
centaines.

Les globes tout de fouffre, et porcellaine,
et Lacque

Dans un temps pluvieux tout cela moins
craque (r)

Qui cela plus rarement, que moi,
examine,

Nie l'affoibliffement d'une impudente
mine.

Là le pous d'un chacun bat clairement
plus fort

Quand fon fang par mon feu prend un
nouveau reffort.

Là par mon artifice la pefanteur fe
change.

Là mon éclair la peau rougit et même
tranche.

Un

(r) pag. 67.

Un homme tout tranquille s'echauffe
vivement

De mes grands globes quatre (✱) leur feu
lui lançant.

Tout est épuisé.   Et qui pourra se taire ? p. 33.

Je crains avec raison les hardis pla-
giaires.

Cela par tout le feu à n'en douter,
trahit.

Voions l'homme électrique en cap de pié
rougir (ſ).

On n'a besoin pour cela que d'une grande
caiſſe,

Tout - au - tour poiſſée d'une couche
épaiſſe.

Là

(✱) Je compte pour rien cette velocité
Où un bocal chetif, et dans un temps donné
Tourne autour de lui. vive la ſphére ronde
Grande, venez, voiez, après cela raconte.

(ſ) 61. 79. 80.

Là mon mortel se met, et là mon
énergie

D'un trait du globe seul, aussitôt
l'investit.

Qu'on ne le touche pas. qui l'eut jamais
pensé,

En peu de tems la poix luit à ses piés.

Dans le commencement la lueur pale et
sombre,

Comme à l'horizon la lune par les
ombres.

Cela monte aux genoux, peu à peu
s'accumule,

Comme le fer rougi dans des charbons
qui brulent.

Quand on tourne mon rond, encore pour
un tems,

Sans toucher l'homme, on voit la lumiere
adscend

Jus-

Jusqu'au coeur, jusqu'en haut.   Enfin d'or
un vermeil

Le fait comme de bronze et on crie aux
merveilles.

Comme on nous un béat même les anges
feint,

Comme le peuple nous ſes feux folets
depeint :

Si brille mon heros de feu dans la
couronne,

Rédoutable à tous, on le voit, on
s'étonne.

Et quand on s'en approche, même de p.34.
fort loin,

On ſent haleine, chaud, lumiere, éclat
bien.

Alors un jet de feu presque inſupportable,

A moi, vieux guerrier, il eſt intolerable.

Tout

Tout cela reuſſit mieux dans la nuit,

Mon Electricité monte à l'infini,

C'eſt mon invention. Envie, grince, gronde

Quatre vingt ans plûtôt, on me jetta aux ondes.

Non, on m'auroit cité, damné, brulé, maudit,

Fumé, tout au moins on m'auroit vif roti.

Dieu ſoit loué! un tel tems nous admire

Où nos droits plus ſains. J'en doute, on me l'aſſure.

On a vû jusques là entendû, et ſenti,

La vigueur, où ſouvent on badine et jouit.

Mais

Mais qui, venez, voiez, par mon grand appareil,

Devient dangereuſe, et menace du deuil.

L'odeur exhale encore. Le globe quand il court,

Forme un tourbillon très-fort, et tout au tour,

De quatre à cinq piés de demidiamétre.

Car de là tire-t-il l'or, du duvet, du feutre.

Il arrive ſouvent qu'une exhalaiſon

Subtile touche au nez. C'eſt la ſolution

De l'argent par l'eau forte. L'odeur eſt p.35. vive, celle

D'huile de vitriol qui chaſſe ſes parcelles.

Pourtant ce bel effet n'eſt pas toujours conſtant,

Quand le ciel et l'air ſont des vapeurs peſants,

Suivez

Suivez donc mon conseil. On sentira le
souffre.

En tout tems et lieu, d'un Etna et son
gouffre.

La glaive t' aidera (et même les ciseaux)(*t*)

Du verre soutenus, si manche, si
pommeau,

(Où l'une des pointes) touche la grande
sphére.

Tournez la sur le champ le plus vite qu'on
peut faire,

Dans le moment l'épeé ses flammes
vomira,

Et le bout en cométe vivement flambera.

Ce souffle - ci est frais. On voit, on sent
une aune,

De ces bouts pointus, éclairs, foudre, et
feu jaune.

Mais

(*t*) pag. 80. 81.

Mais de l' argenterie , diamants , et
joiaux, (*u*)

Fort électrifiés feront un jeu plus beau.

On le sent de loin , vivement , nul poete,

Peindra l'odeur si net, que mes essays sou-
haitent.

Mais qui dira jamais, comment *tout
cela* se fait?

Car qui sera content, quand *il tout cela*
voit?

L'ésprit philosophique cherche, si de ces
choses

Systemes et raisons vraisemblables eclo-
sent.

HEROS, des quels j'ai fait plus haut ma p.36.
mention (*x*)

Là montrez vôtre fort, l'éclat de la
raison.

Vous

(*u*) pag. 87.
(*x*) pag. XII. XIII.

E

Vous, WOLFF, et EULER, vous, orne-
mens des fciences,

Du favoir, de l'éfprit les blus juftes
balances.

Vous domtez la nature, vous, Vainqueurs,
penetrez,

De l'ISIS les autels, le faint, le plus
caché,

HEROS, ou vous devez ce travail entreprendre,

Ou nul autre mortel raifon en pourra
rendre.

Cette comparaifon que je fis de
l'odeur

N'eft pas encore parfaite, une très fainte
ardeur

Me pouffa vivement, que metaphore
male

Fut à l'original parfaitement égale.

Pallas

Pallas à mon secours.   D'un oeil gracieux

LA COMTESSE DE BRUHL me
rend bien heureux.

SA GRANDEUR chez moi cette merveille
vit.

Bonheur inopiné, et jamais si venu!

Tolerez le MADAME, la main m'est
arretée,

Et par devotion les levres sont liées.

Jamais je n'eusse cru, jamais fut il
probable,

Que VOUS partissiez voir mon admirable?

Et pourtant VOUS avez la curiosité,

ORNEMENT DE LA COUR, pour
l'Electricité

De la voir chez moi.   Toute ma con-P·37·
noissance

Agit, pour faire un coup digne de TA
présence.

E 2   À

À peine je fuffis, tant VÔTRE ESPRIT
DIVIN

Voit tout à l'inftant.   Il fut feul très
bien

Comparer cette odeur,   avant incomparable.

C'eft l'odeur du Phofphore. (*y*) VOUS étes
inimitable.

Que je fus rejoui! mais qui fut fi
content?

Vraiment c'eft du Phofphore, MA-DAME,
on le fent.

Toutes comparaifons que je long temps
medite

N'ont devant le beau mot de Phosphore,
nul merite.

HEUREUX COMTE DE BRUHL,
TA DIGNE MOITIÉ,

Dont VERTUS et ESPRIT jamais font
mefurés,

TE

(*y*) pag. 81.

TE fait le plus heureux.   Tout le monde verra

Un COUPLE SI BENIT jamais reviendra.

C'eft VÔTRE DIGNE FRERE, qui me rend fi heureux

Par MA-DAME DE BRUHL plûtôt extafié.

Par LUI SA GRANDEUR me daigna de vifite,

Donc je temoigne le zéle qui m'agite.

Oferai - je bien SIRE, PERE, P.38. SEIGNEUR,

AMOUR de TES pays, des peuples LE BONHEUR,

Oferai - je, AUGUSTE, TE dire adorable?

A QUI Dieu donna Miniftres équitables.

TRES-

TRÈS-GRACIEUX MONARQUE, sois
toujours beni,

Et la REINE aussi, Ciel travaille pour
LUI.

Que tout à VOS souhaits se fasse, à VÔTRE
MINE

JOSEPHE ET AUGUSTE se livre
la fortune.

Mon PRINCE, le ciel, éléve TON
bonheur,

Jusqu'aux tems les plus tards, et les
executeurs

De ses mandats, les anges, ne cherchent
qu'à VOUS plaire.

Que le bonheur jamais puisse se sou-
ftraire.

TON EPOUSE, mon PRINCE,
croisse à l'éternité,

DIGNE par ses vertus à étre couronnée.

AMOUR

AMOUR de ſa patrie, de Saxe LA
DEESSE.

Soiez PERE HEUREUX, par CETTE
GRANDE PRINCESSE.

Croiſſe à l'éternité LE SANG DES
PRINCES HEROS,

Et que, comme AMELIE, les PRIN-
CESSES ſi tôt

Faſſent entrer enfin d'Europe chaque p.39.
couronne

Dans la MAISON D' AUGUSTE, et
la RACE SAXONNE.

A Vous, heureux Saxons, quel peuple
comparer ?

Par FREDRIC vous pouvez tous pays
ſurpaſſer.

Autour de vos cantons, faim, ſang, mille
carnages,

Vous brillez en paix verdiſſant païſage.

Mon

Mon cher Lecteur, je fais vous n' étes
pas furpris,

Que ma verve à l'inftant fon poëme
finir.

Qui parle de nôtre PERE, fe tait tout
devoué,

Les coeurs attire AUGUSTE. Taife
ELECTRICITÉ.